LERN PIRAT

Erfolgskurs
Mathematik

D1719100

paletti

Dieses Buch gehört

Liebe Eltern!

Das Warten ist vorbei und ihr Kind hat die ersten Tage und Wochen in der Schule erlebt. Es wird in den kommenden Monaten und Jahren viel Neues erfahren und lernen. Doch die Umstellung ist gar nicht so einfach: aufpassen, konzentrieren, beobachten, ruhig sein, still sitzen – und das soll auf Dauer Spaß machen?

Die Bücher der neuen Lernpirat-Reihe unterstützen Ihr Kind dabei, die Lerninhalte aus dem Unterricht mit Spiel und Spaß zu Hause umzusetzen. Es lernt zum Beispiel Wörter selbstständig zu schreiben, Geschichten zu erzählen, Rechenaufgaben zu lösen und geometrische Figuren zu erkennen. Ihr Kind kommt erstmalig mit der englischen Sprache in Berührung und setzt sich mit seiner Umwelt auseinander. Dazu gehören auch gesunde Ernährung, Tierwelt, Berufe, Wetter und Jahreszeiten.

In diesem Buch werden Ihrem Kind wichtige Grundlagen und Fertigkeiten für die Schule spielerisch vermittelt. Es wird an spannende Aufgaben herangeführt, die im Schwierigkeitsgrad variieren. Gemeinsam mit dem Lernpiraten lassen sich die kindgerechten Übungen und Rätsel leicht lösen – der Spaß steht dabei im Vordergrund. Die Lernfortschritte Ihres Kindes behalten Sie mit dem Checklisten-System auf Seite 6 im Blick.

Die neue Lernpirat-Reihe knüpft an die Übungen der Gesamtbände an. Die Titel sind thematisch aufeinander abgestimmt und ergänzen einander. In den Büchern finden Sie ausgewählte Übungen zur Vorbereitung und Lernbegleitung in Kindergarten, Vorschule und Grundschule.

Ihr Lernpirat-Team

Liebe Kinder!

Setzt die Segel!

Auf seinen Abenteuern in der 1. Klasse begegnet der Lernpirat bunten Buchstaben und lustigen Zahlen. Er lernt englische Wörter kennen, entdeckt seinen Körper, macht Sport, findet Pflanzen, liest die Uhrzeit und orientiert sich im Straßenverkehr.

Helft dem Lernpiraten dabei, all die spannenden Aufgaben und Rätsel zu lösen! Viele bunte Bilder, Tiere, Figuren, Buchstaben und Zahlen – und natürlich jede Menge Spaß – warten auf euch!

Euer Lernpirat-Team

Eltern-Information

Lernziel

In diesem Buch lernt Ihr Kind mit Zahlen umzugehen und erste Rechenaufgaben zu lösen. Es übt das Addieren und Subtrahieren, liest die Uhrzeit und kombiniert geometrische Figuren.

Hintergrund

Lustige Zahlen und bildhafte Aufgaben erleichtern den Zugang zur abstrakten Zahlenwelt der Mathematik und machen Lust auf mehr. Durch das Kombinieren von geometrischen Formen wird zusätzlich das logische Denken gefördert.

Tipp

Gehen Sie gemeinsam mit Ihrem Kind einkaufen. Vergleichen Sie die verschiedenen Formen beim Obst- und Gemüsehändler und bilden Sie Mengen.
Addieren Sie Geldscheine: Was können Sie dafür kaufen?
In unserer Umwelt bieten sich unglaublich viele Übungen für die Mathematik: Nummernschilder lesen, Hausnummern finden, Preise erkennen, Autos zählen und vieles mehr!

Schwierigkeitsstufen

- ☐ Punktlinien nachzeichnen
- ☐ Zahlenbilder von 1 bis 10
- ☐ Malen nach Zahlen
- ☐ Roboter-Labyrinth
- ☐ Figuren legen
- ☐ Passagiere zählen
- ☐ Geometrische Figuren zeichnen
- ☐ Zahlenkette von 10 bis 100

- ☐ Schwierigkeitsstufe 1
- ☐ Schwierigkeitsstufe 2
- ☐ Schwierigkeitsstufe 3

- ☐ Zahlenreihen ergänzen
- ☐ Ausmalen nach Zahlen
- ☐ Dinge ergänzen
- ☐ Zahlen-Rätsel
- ☐ Plus- und Minusaufgaben
- ☐ Insekten zählen
- ☐ Vorgänger und Nachfolger
- ☐ Tiere und Dinge subtrahieren
- ☐ Geld addieren
- ☐ Ergänzen bis zur Zahl 9
- ☐ Zahlen von 10 bis 100 ordnen
- ☐ Geld addieren und ausgeben
- ☐ Minusaufgaben lösen und zuordnen
- ☐ Minusaufgaben im Hexenlabyrinth
- ☐ Mit Zehnern rechnen
- ☐ Rechenaufgaben ergänzen

- ☐ Briefe subtrahieren
- ☐ Größer, kleiner oder gleich
- ☐ Werkzeug zählen
- ☐ Uhrzeit zuordnen
- ☐ Geometrische Figuren lernen
- ☐ Geheimschrift lesen
- ☐ Malen nach Rechenaufgaben
- ☐ Rechenklettergerüst auflösen
- ☐ Zahlen finden
- ☐ Uhrzeit eintragen

Inhaltsverzeichnis

Checkliste

Gelöste Aufgaben einfach ankreuzen!

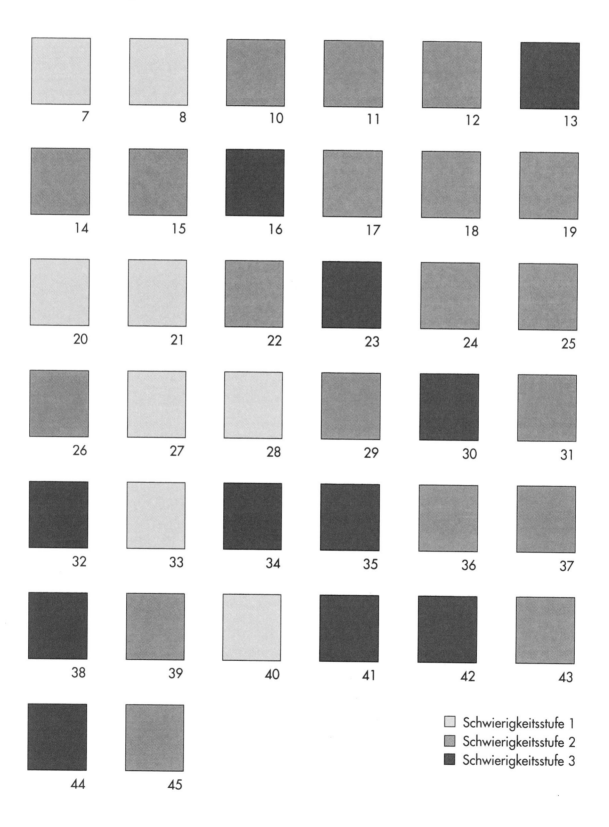

7	8	10	11	12	13
14	15	16	17	18	19
20	21	22	23	24	25
26	27	28	29	30	31
32	33	34	35	36	37
38	39	40	41	42	43
44	45				

Schwierigkeitsstufe 1
Schwierigkeitsstufe 2
Schwierigkeitsstufe 3

Punktlinien nachzeichnen

Hier wirbeln drei Fallschirmspringer und eine Eule durch die Luft.
Zeichne ihre Flugbahnen mit einem dünnen Stift nach!

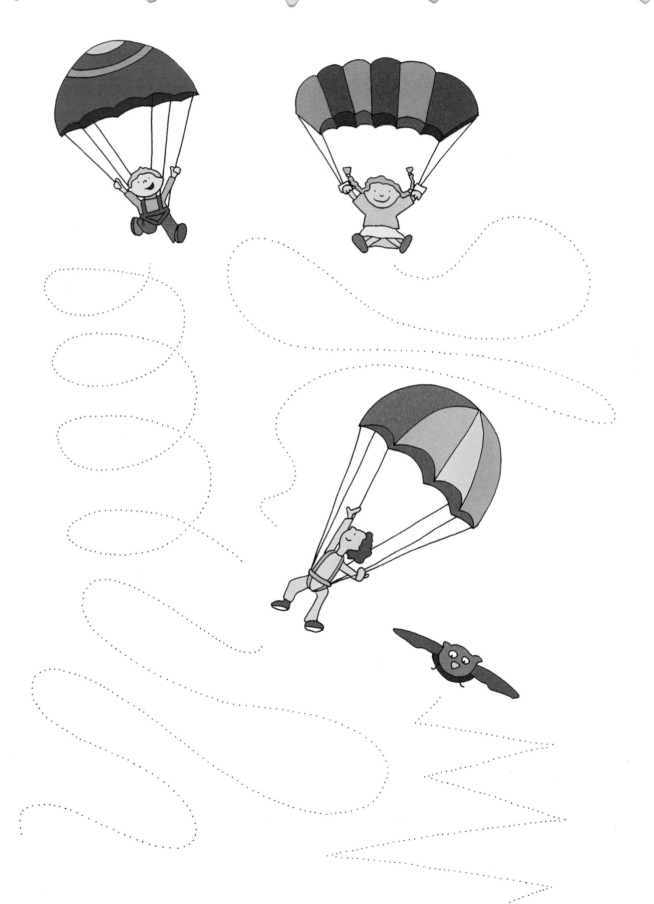

7

Zahlenbilder von 1 bis 20

Hier siehst du die lustigen Zahlen. Sieh sie dir gut an! Jede Zahl hat ein eigenes Gesicht. Irgendwo hat sich auch eine Katze versteckt. Findest du sie? Kreise die Katze mit einem roten Stift ein!

Zahlenreihen ergänzen

Auf dem Zug steht schon eine fertige Zahlenreihe.
Weißt du, welche Zahlen in den farbigen Kreisen fehlen?
Ergänze die Zahlenreihen, indem du die richtigen Zahlen in
die Kreise hineinschreibst!

10

Insekten zählen
Hier siehst du viele fröhliche Insekten. Sieh dir das Bild gut an!
Wie viele Tiere kannst du erkennen? Schreibe die richtige Anzahl
in die Kästchen! Findest du das vierblättrige Kleeblatt?

Wie viele Ameisen siehst du im Bild?

Wie viele Schmetterlinge findest du?

Wie viele Spinnen kannst du zählen?

Wie viele Schnecken siehst du?

Ausmalen nach Zahlen

Ohne Farbe sieht die Tierinsel so langweilig aus.
Nimm deine Farbstifte und male das Bild in den richtigen Farben aus!
Welche Zahlen welche Farbe bekommen, siehst du unter dem Bild.

1 gelb	5 hellgrün	9 weiß
2 rot	6 braun	10 rosa
3 hellblau	7 dunkelblau	
4 grün	8 grau	

Werkzeug zählen

Der Lernpirat hat seine Werkstatt nicht aufgeräumt.
Weißt du, wie viele Nägel, Sägen, Hämmer, Schraubendreher, Zangen
und Farbdosen er hat? Zähle genau nach und schreibe die richtige
Anzahl auf das weiße Plakat an der Wand!

Dinge ergänzen

Auf den Karten fehlen einige Gegenstände. Die kleinen Kästchen verraten dir, wie viele es eigentlich sein müssen. Suche die fehlenden Dinge auf dieser Seite, streiche sie durch und male sie auf die passende Karte!

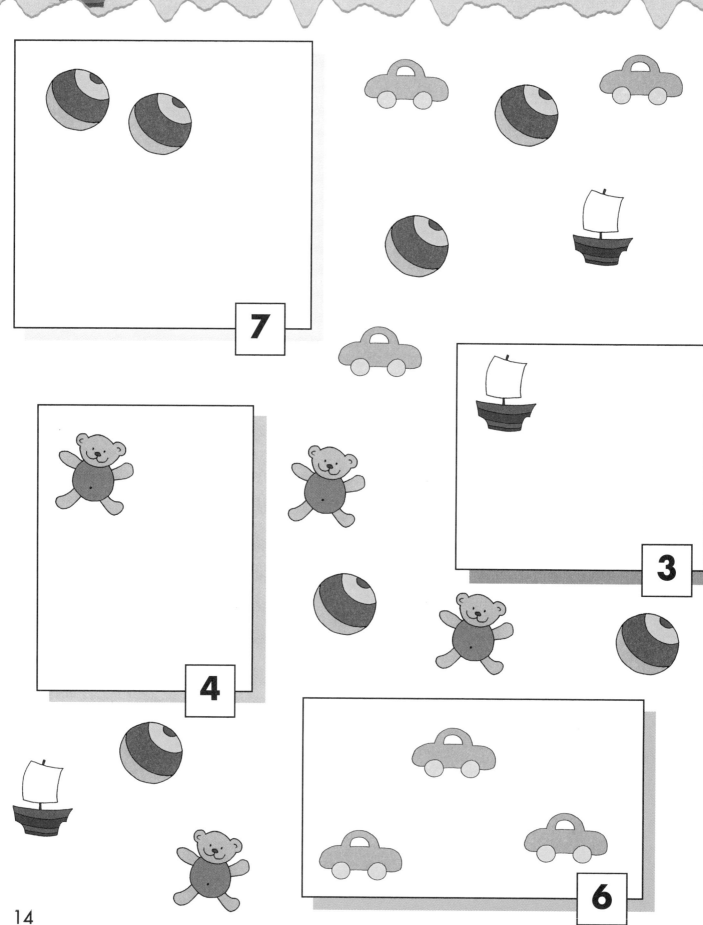

14

Zahlen-Rätsel

Hier siehst du den Wohnwagen vom Lernpiraten.
Wenn du genau hinschaust, siehst du, dass sich hier Zahlen versteckt
haben. Findest du sie alle? Kreise sie mit einem blauen Stift ein!

Briefe subtrahieren

Heinz ist ein zuverlässiger Briefträger. Doch unterwegs verliert er ein paar Briefe. Weißt du, wie viele Briefe er noch hat?
Trage die richtige Anzahl in die Kästen ein!

Wie viele Briefe hat der Briefträger?

Ups! Eine Eule! Wie viele Briefe hat er jetzt?

Der Wind ist geschwind! Wie viele bleiben noch übrig?

Wie viele Briefe muss der Briefträger jetzt noch austragen?

Einfache Plus- und Minusaufgaben

Zu wem gehören welche Haare? Löse die Rechenaufgaben, dann findest du es heraus. Verbinde anschließend die Haare mit den richtigen Köpfen durch Linien!

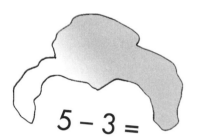

5 − 3 =

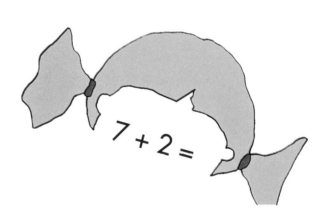

7 + 2 =

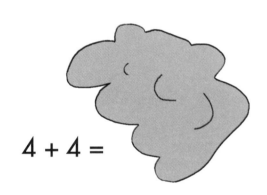

4 + 4 =

10 − 3 =

9   7   2   8

Vorgänger und Nachfolger

Hier siehst du verschiedene Zahlen. Kennst du ihre Vorgänger und Nachfolger? Schreibe die jeweils niedrigere Zahl in das linke und die jeweils höhere Zahl in das rechte Kästchen neben die Zahlen!

5	6	4			3		
	2				7		
	10				5		
	7				2		
	8				9		

Tiere subtrahieren

In allen Bildern gehen oder fliegen Tiere fort.
Wie viele sind dagebliegen? Löse die Rechenaufgaben!
Die Tiere helfen dir dabei.

5 – 3 =

6 – 2 =

10 – 5 =

7 – 4 =

Malen nach Zahlen

Schnell, es regnet! Male dem Lernpiraten einen Regenschirm!
Verbinde die Zahlenkette von 1 bis 20 in der richtigen Reihenfolge!
Male dicke Regenwolken und eine große Wasserpfütze dazu!

Roboter-Labyrinth

Robert Roboter quietscht und braucht dringend Öl. Hilf ihm dabei, den richtigen Weg zu seiner Ölkanne zu finden! Er führt nur an geraden Zahlen vorbei. Zeichne den Weg mit einem roten Stift ein!

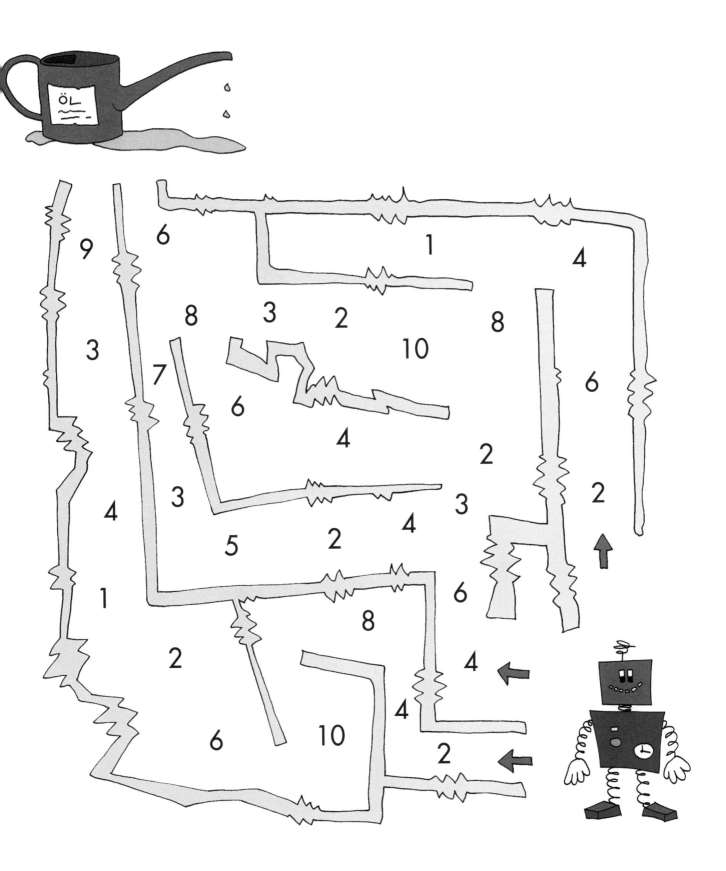

Fische subtrahieren

Patrick und sein Kater Willi wollen das Aquarium sauber machen. Dazu müssen erst einmal alle Fische aus dem Wasser. Wie viele Fische siehst du im Aquarium? Ergänze die Rechenaufgaben und löse sie!

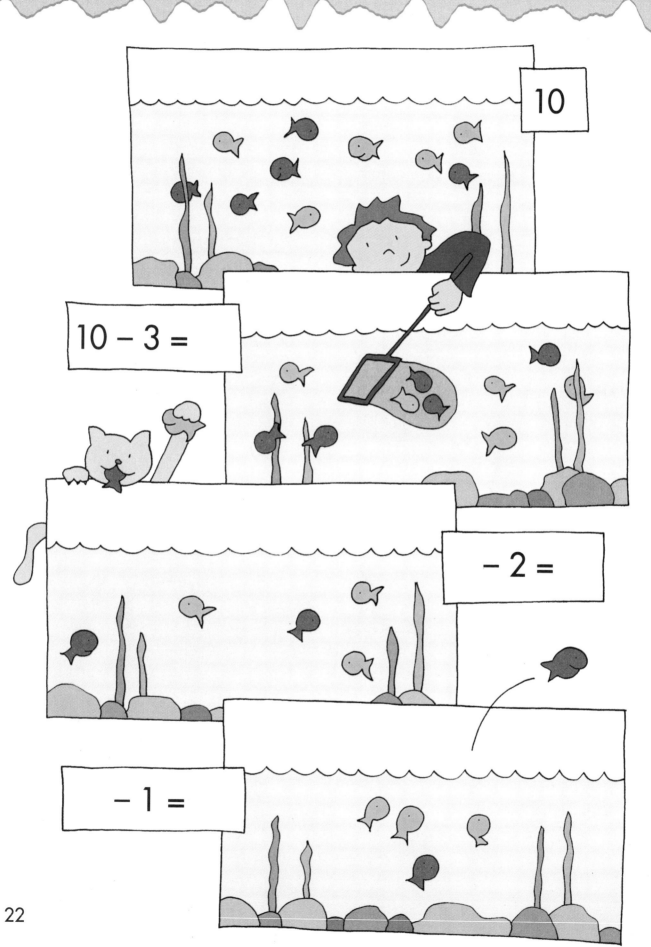

10

10 − 3 =

− 2 =

− 1 =

Größer, kleiner oder gleich

Auf dem Campingplatz findet man viele Zelte und andere Dinge.
Auf jedem Gegenstand stehen Zahlen oder Rechenaufgaben.
Trage die richtigen Zeichen für größer (>), kleiner (<) oder
gleich (=) in die gelben Schilder ein!

> größer als

< kleiner als

= gleich groß

4 + 2 ⬜ 6

7 ⬜ 9 − 3

9 − 7 ⬜ 4 − 1

8 − 2 ⬜ 5 − 1

Schulbücher subtrahieren

Der Unterricht beginnt! Der Lernpirat und seine Klassenkameraden packen ihre Bücher aus. Wie viele Bücher sind noch in jeder Schultasche? Löse die Rechenaufgaben!

$7 - 4 =$

$9 - 7 =$

$6 - 2 =$

$6 - 3 =$

$9 - 4 =$

Geld addieren

Der Lernpirat hat fleißig Geld gespart. Zähle das Geld aus den Sparschweinen, indem du es addierst. Schreibe die Ergebnisse in die Kästen! Male das Schwein mit dem meisten Geld rosa aus!

Ergänzen bis zur Zahl 9

Wie viele Pflanzen müssen noch wachsen, damit genau neun Stück in einer Reihe stehen? Male die noch fehlenden Pflanzen dazu und schreibe ihre Anzahl in die roten Kästchen!

Figuren legen

Welche der Figuren kann Leon mit seinen Bausteinen auf dem Papier legen? Male die Figuren, die er legen kann, mit den richtigen Farben aus!

Passagiere zählen

Schau dir die beiden Bilder gut an! Wie viele Passagiere sind im oberen Bild schon an Bord des Schiffes? Wie viele kommen im unteren Bild noch hinzu? Wie viele Passagiere sind insgesamt auf dem Schiff? Trage die richtigen Zahlen in die Kästchen ein!

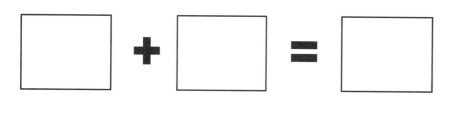

Plus- und Minusaufgaben rechnen

Löse zuerst die Rechenaufgaben! Die richtigen Ergebnisse stehen oben in den farbigen Kästen. Dann verfolgst du die Schnüre der Drachen und malst sie in den richtigen Farben aus!

9	1	3	6

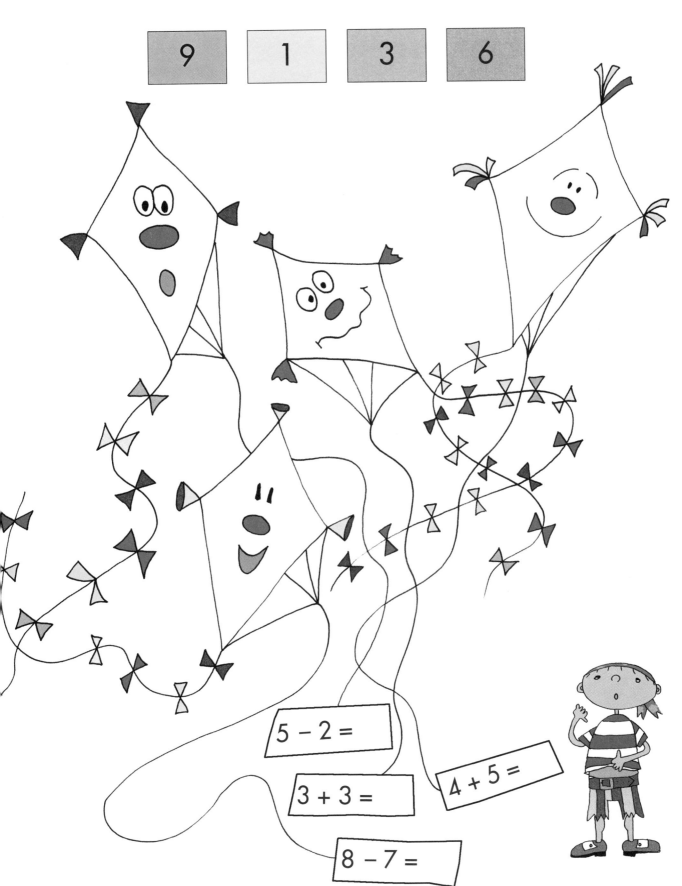

$5 - 2 =$

$3 + 3 =$

$4 + 5 =$

$8 - 7 =$

Uhrzeit zuordnen
Wie spät ist es?
Verbinde jede Armbanduhr durch eine Linie mit der richtigen Uhrzeit!

acht Uhr

fünf Uhr

ein Uhr

drei Uhr

sieben Uhr

elf Uhr

Zahlen von 10 bis 100 ordnen
Kannst du die Zahlen von 10 bis 100 erkennen? Schreibe die Zahlen
in der richtigen Reihenfolge in die Kästchen!

Geometrische Figuren lernen

Die Formen Zylinder, Dreieck, Quadrat, Kreis und Rechteck stellen sich vor. In den Kästen daneben ist bereits ein Gegenstand aufgemalt, der die entsprechende Form hat. Male in jeden Kasten noch ein weiteres Beispiel!

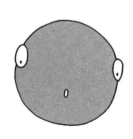
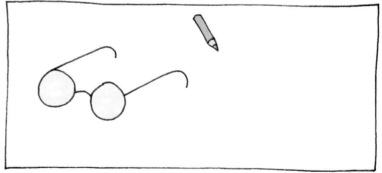

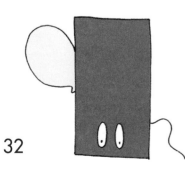

Geometrische Figuren zeichnen

Zeichne die Figuren fünfmal mit einem dünnen Stift auf die Linien!
Danach malst du sie in den richtigen Farben aus!

Geheimschrift lesen

Der Lernpirat hat beim Spaziergang am Strand eine Schatzkarte gefunden. Sie ist mit einer Geheimschrift verschlüsselt. Weißt du, was auf der Karte steht? Setze die richtigen Buchstaben ein, dann erfährst du es! Die Zahlen und Buchstaben unten helfen dir dabei.

A = 1 N = 2 I = 3 D = 4 O = 5 R = 6 E = 7 H = 8

C = 9 Z = 10 T = 11 S = 12 U = 13

G = 14 P = 15 Ö = 16

Malen nach Rechenaufgaben

Was versteckt sich hier im Bild? Löse alle Rechenaufgaben!
Jedes Ergebnis hat eine eigene Farbe, die du in den Kästchen unter
dem Bild sehen kannst. Male die Felder in den richtigen Farben aus!

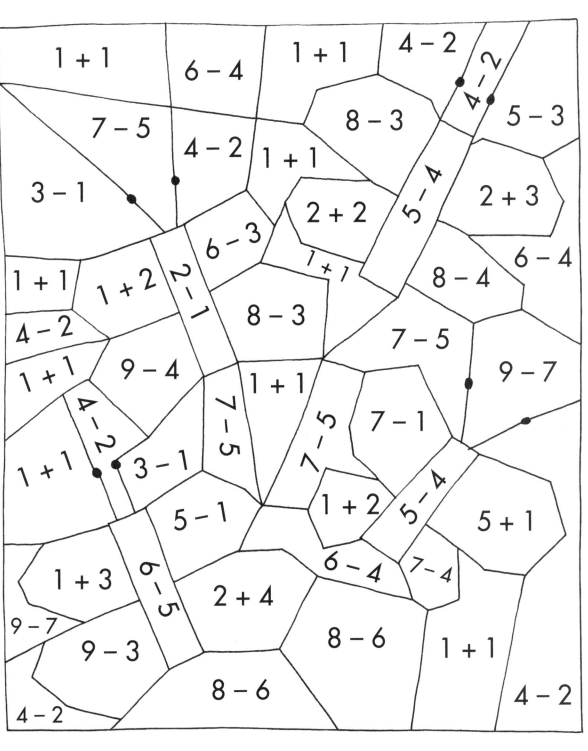

1

2

3

4

5

6

Geld addieren und ausgeben

Der Lernpirat möchte etwas Schönes kaufen. Zähle die Geldscheine und
Münzen zusammen und schreibe das Ergebnis auf den weißen Zettel!
Wie viel Geld hat der Lernpirat?
Welche Dinge kann er sich davon nicht kaufen? Streiche sie durch!

Minusaufgaben lösen und zuordnen

Wem gehört welches Nest? Wieviele Eier haben die Vögel gelegt?
Löse die Rechenaufgaben und schreibe die Ergebnisse auf die Zettel!
Verbinde jeden Vogel durch eine Linie mit seinem Nest!

4 – 2 =

8 – 5 =

9 – 4 =

9 – 8 =

10 – 6 =

Rechenklettergerüst auflösen

Tobi kann im Klettergerüst nicht weiterturnen, weil Zahlen fehlen.
Sieh dir die einzelnen Felder gut an und ergänze alle fehlenden
Zahlen! Manchmal fehlt das Ergebnis, manchmal fehlen die Aufgaben.
Wenn du rechnest und gut überlegst, ist es gar nicht so schwer.

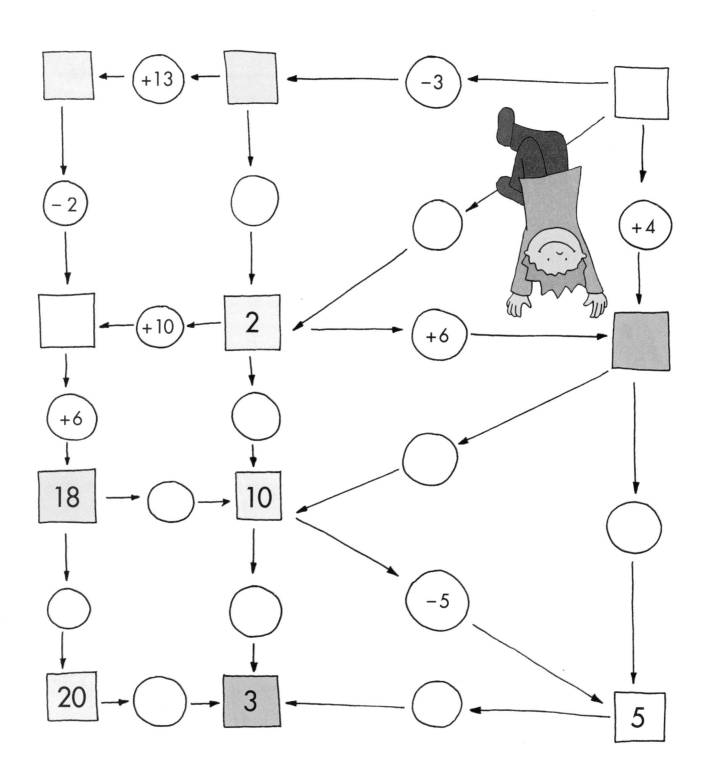

38

Minusaufgaben im Hexenlabyrinth

In welchen Häuschen wohnen die drei Hexen? Löse die kleinen Rechenaufgaben der Hexen. Verbinde dann jede Hexe mit ihrem Haus im Labyrinth. Verwende dazu die drei Farben der Hexenpullover: dunkelblau, grün und rosa.

15 – 6

12 – 4

10 – 3

Zahlenkette von 10 bis 100 verbinden

Was verbirgt sich wohl hier?
Verbinde die Zahlen von 10 bis 100 in der richtigen Reihenfolge!
Verwende einen dünnen schwarzen Stift!

20

30
40

10
90
100

80

50

60

70

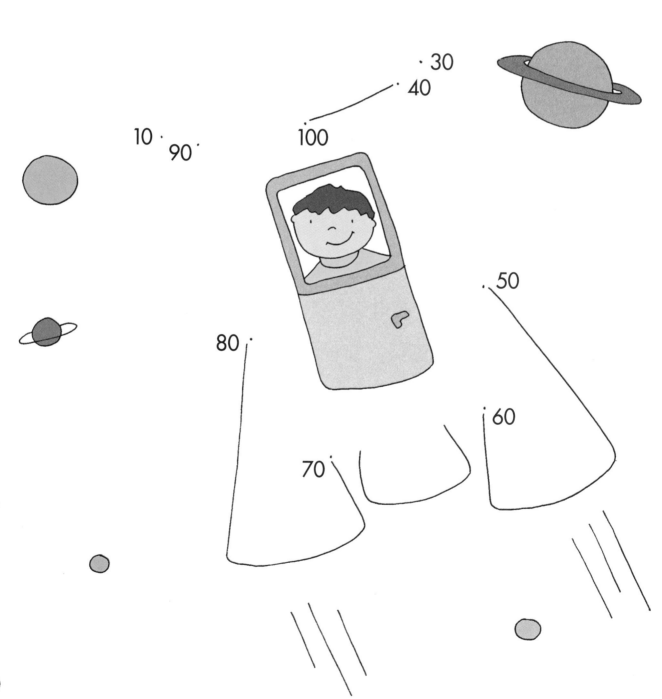

Zahlen finden

In diesen drei Tieren haben sich viele Zahlen versteckt. Sieh dir die Tierfiguren gut an! Finde die versteckten Zahlen und trage sie in die Kästchen ein!

Uhrzeit eintragen

Wie spät ist es? Bei den Uhren fehlen entweder die Zeiger oder die Wörter darunter. Ergänze, was fehlt!

ein Uhr

_____ Uhr

_____ Uhr

_____ Uhr

zehn Uhr

vier Uhr

_____ Uhr

elf Uhr

_____ Uhr

Mit Zehnern rechnen

Kapitän Maus hat ein Problem mit seinem Segel. Ordne die Fetzen den Löchern im Segel richtig zu und verbinde mit Linien, was zusammengehört! Die Rechenaufgaben helfen dir dabei. Male das Bild anschließend fertig aus!

30

10 + 20

90 – 50

80 – 10

60 – 40

20 + 30

20

40

90

50

Ausmalen nach Rechenaufgaben

Der Lernpirat hat sich zwei neue Piratenflaggen für sein Schiff und seine Hütte gemalt. Welche Farben haben sie?
Löse die Rechenaufgaben und male die Flaggen richtig aus!

hellblau = 12	gelb = 9	orange = 4
hellgrün = 20	lila = 10	braun = 8
rot = 7	rosa = 5	

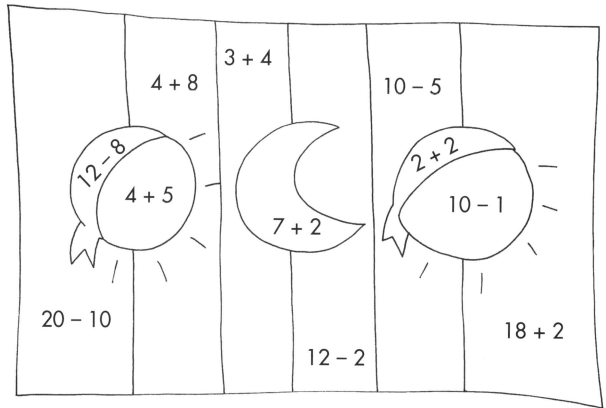

44

Rechenaufgaben ergänzen
Bei diesen Rechenaufgaben fehlen Zahlen und Rechenzeichen.
Denke gut nach und trage die fehlenden Dinge ein!

10   20   30

4 + 4   8

– 7   2

20   = 50

8 +   = 9

80   20   60

45

Lösungen

Seite 7

Seite 8/9

Seite 10

Seite 11

Seite 12

Seite 13

Seite 14

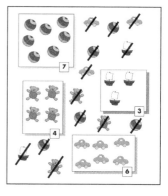

Seite 15

Seite 16

Seite 17

Seite 18

Seite 19

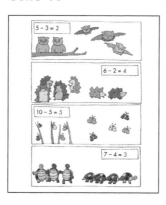

Seite 20

Seite 21

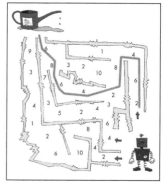

Lösungen

Seite 22

Seite 23

Seite 24

Seite 25

Seite 26

Seite 27
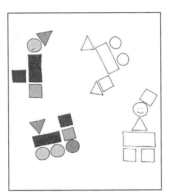

Seite 28

Seite 29

Seite 30

Seite 31

Seite 34

Seite 35
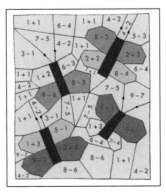

Seite 36

Seite 37

Seite 38

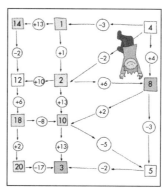

Seite 39

Seite 40

Seite 41

Seite 42

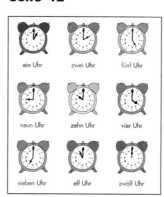

Seite 43

Seite 44

Seite 45

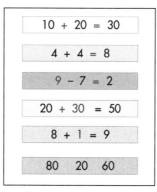